小学生宇宙与航天知识自主读本 6-10岁适读

宇宙我知道 地球

景海荣　著
庄国京　审定

U0221128

中国宇航出版社
·北京·

目录

（图源：NASA）

地球在哪里？

　　地球是太阳系中由内及外的第 3 颗行星，是太阳系中直径、质量和密度最大的岩质行星。

　　地球距太阳约 1.49 亿千米，在自转的同时围绕太阳公转。太阳在宇宙中也不是静止不动，它正拉着地球绕着大约 2.6 万光年远的银河系中心公转。银河系也并非静止不动，作为本星系群的一部分，正和群里的仙女座星系、大小麦哲伦星云等 50 个星系一起，朝着 1.5 亿光年之外的巨引源飞去。

　　地球是我们赖以生存的家园，虽然它只是太阳系中第5大行星，但它是太阳系中唯一表面有液态水的星球，也是迄今已知唯一有生物栖息的地方。在茫茫宇宙中，地球如同沧海一粟。1990年2月14日，旅行者1号探测器在距离太阳60亿千米的地方拍摄了地球的照片，就是右上角那张，名为《淡蓝色的圆点》。

地球的诞生

地球是怎么诞生的呢？星云说认为，如今的太阳系在50亿年前还是一团巨大的星云物质。由于引力的作用，星云物质不断坍缩和聚集，形成许多"星子"，大约99%以上的星子都聚集在了星云中心，形成了原始的太阳。围绕着原始太阳的星子继续相互吸引碰撞，聚合形成大量小行星。

小行星在运动的过程中相互碰撞，个头比较大的小行星不断吞掉个头更小的那些，从而越来越大，最终演变成八大行星。临近太阳的地方温度较高，那些耐高温的物质存留了下来，形成了地球这样的岩质行星。后来彗星又给地球带来了水资源，最终经过几十亿年的演化，变成了如今我们所看到的样貌。

（图源：NASA / Pixaby）

地球有多大?

地球是一个两极稍扁、赤道略鼓的不规则的椭圆球体。根据卫星精确测量，地球赤道半径 6 378.137 千米，极半径 6 356.752 千米，平均半径约 6 371 千米，赤道周长大约为 40 076 千米。地球表面积 5.1 亿平方千米，其中 70% 为海洋。从太空中看，地球呈蓝色。

（图源：NASA / Pixaby）

　　地球被一层厚度大约是 1 000 千米的大气层包围着。大气层的成分主要有氮气（78.1%）、氧气（20.9%）、氩气（0.93%），还有少量的二氧化碳、稀有气体和水蒸气。大气层分为对流层、平流层、中间层、暖层和散逸层，空气密度随高度增加而减小，越高空气越稀薄。

一天又一天

找到灯光璀璨的中国了吗?

　　我们的地球是个旋转高手，它在一刻不停地从西向东自转，这就是日月星辰"东升西落"的原因。地球的自转速度很快，如果你站在赤道上，每秒钟会跟随地球运转大约 465 米。地球自转一周的时间大约是 23 小时 56 分 4 秒，这就是地球的一天。

在地球自转的过程中，朝向太阳的一面是白天，背对太阳的一面是黑夜。白天与黑夜交汇的地方是黎明或黄昏。地球的自转从不停歇，日与夜的交替从不停止，地球上不同位置的时间也就不一样了。

（图源：NASA / Pixaby）

一年又一年

地球一刻都闲不住，它在自转的同时，还在围绕太阳公转。地球公转一圈的距离大约是9.4亿千米，平均速度大约是每秒29.8千米，公转一圈的时间是365日6时9分10秒，这就是地球的一年。

（图源：Pixaby）

地球有点淘气，它不是笔直地旋转，而是有一点倾斜。这样一来，在一年当中，不同纬度的昼夜长短和太阳照射角度就会不断变化，形成四季的更替。例如，当北半球白天长黑夜短、太阳直射时，就处于夏季；与此同时，南半球白天短黑夜长、太阳斜射，处于冬季。反过来也是这样。

地球的结构

　　地球有点像颗鸡蛋，大体上分为 3 层，从外到内分别是地壳、地幔和地核。地壳是地球的外壳，平均厚度大约是 17 千米，而地球的平均半径大约是 6 371 千米。所以，对于地球来说，地壳真的像鸡蛋壳一样薄。不过，地壳是地球上绝大多数生命活动的舞台。而且，到目前为止，人类还没能钻透它！

地壳

上地幔

下地幔

外核

内核

　　地壳下面是地球的"蛋清"——地幔，平均厚度大约是 2 865 千米，是地球内部体积最大、质量也最大的一层。厚厚的地幔又可以分为上地幔和下地幔。坚硬的岩石和炽热的岩浆都来自地幔。

地幔下面就是地球的"蛋黄"——地核，平均厚度大约是 3 400 千米。地核又可以分为外核与内核。地核的温度和压力都很高，温度估计在 4 000~6 800℃之间。

　　我们对地球的内部了解得还很少，它那大大圆圆的肚子里还藏着很多秘密！

蔚蓝色的地球

　　地球是宇宙中的幸运儿，它有一个坚实而活跃的表面，有山脉、峡谷、平原等地貌特征。海洋覆盖了地球表面的70%。地球的大气层中有大量的氧气供我们呼吸。大气层还保护我们不受来袭的流星体的伤害，大部分流星体在撞击地球表面之前就已经分解了。

　　中国首位航天员杨利伟这样描绘他在太空看到的地球：

在太空的黑幕上，地球就像站在宇宙舞台中央那位最美的大明星，浑身散发出夺人心魄的彩色的、明亮的光芒，她

太平洋

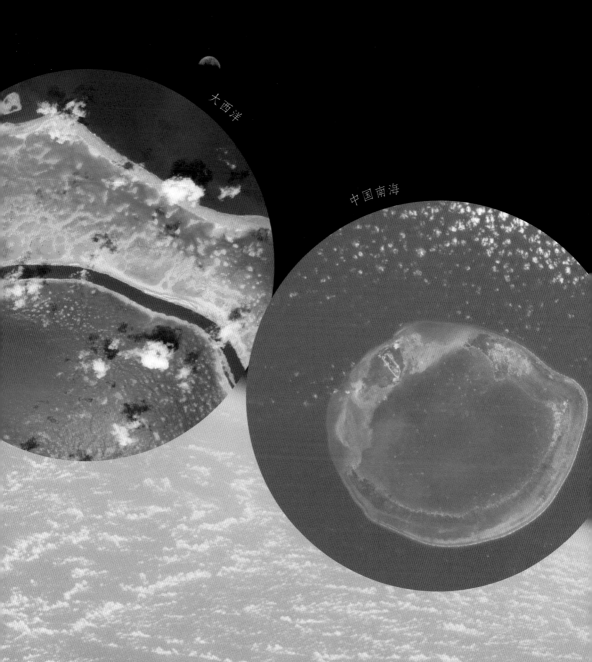

大西洋

中国南海

身着浅蓝色的纱裙和白色的飘带，如同天上的仙女缓缓
飞行。我无法形容内心的喜悦和倾慕，啊，养育我们的
地球母亲，您太完美了！

（图源：NASA）

17

天空为何是蓝色的？

雨过天晴后，我们会发现天空特别蓝。这是为什么呢？造成这种现象有三方面的因素，分别是太阳的光线、地球大气层对光的散射和人眼的反应。

地球被一层厚厚的大气包裹着，当太阳光进入大气层后，大气会将太阳光向四周散射。太阳光是由红、橙、黄、绿、青、蓝、紫七种颜色的光组成的，其中波长较短的紫、蓝、青等颜色的光最容易散射开来，散布在天

空中。而波长较长的红、橙、黄等颜色的光透射能力很强，所以，我们看到太阳是红彤彤的。同时，人类的眼睛对紫色不如蓝色那样敏感，因此，我们看到的晴朗天空总是呈蔚蓝色。

美丽的彩虹

我们知道，当太阳光通过三棱镜的时候，前进的方向会发生偏折，而且把原来的白色光线分解成红、橙、黄、绿、青、蓝、紫七种颜色的光带。下过雨后，有许多微小的水滴飘浮在空中，当阳光照射到小水滴上时会发生折射，分散成七种颜色的光。很多小水滴同时把阳光折射出来，再反射到我们的眼睛里，我们就会看见半圆形的彩虹。

夏天雷雨或阵雨过后，天空中有时会出现一道美丽的彩虹，仿佛是一座弯弯的七彩大桥。那么，这样缤纷美丽的彩虹是怎么出现在空中的呢？

（图源：Pixaby）

绚烂的极光

极光是太阳风带给地球的"焰火盛会"。太阳风是来自太阳的带电粒子，在地球磁场的作用下，它们大部分沿着磁力线集中到南北两极，与地球高层大气中的原子和分子碰撞并激发，极光就是碰撞后放电产生的耀眼光芒。极光不只在地球上出现，太阳系内其他一些有磁场的行星上也有极光。

这张照片是 2022 年 3 月中旬在冰岛的米瓦坦湖上拍摄的。极光上部的红色部分高度超过 250 千米，它的红色光芒是由大气中的原子氧直接被入射粒子激发而产生的。较低的绿色部分位于 100 多千米高的地方，是由大气中的原子氧与第一次激发产生的分子氮碰撞间接激发的。在 100 千米以下，几乎没有原子氧，这就是极光突然终止的原因。

（图源：NASA / Christophe Suarez）

地球的磁场

地球是一块巨大的磁铁，科学家们花了一个世纪的时间来探索地球磁场的形状和结构。这张根据卫星数据制作的图片显示了地球周围的磁场。地球磁层位于距大气层顶 600~1 000 千米高处，磁层的外边界叫磁层顶，离地面 5 万 ~7 万千米。在太阳风的压缩下，地球磁力线向背着太阳一面的空间延伸得很远，形成一条长长的尾巴，称为磁尾。

地球磁场的磁力线分布特点是：在赤道附近与地面平行，在两极附近则与地面垂直。赤道处磁场最弱，两极最强。地球磁场受到各种因素的影响，而且会随时间发生变化，每隔一段时间就会发生一次磁极倒转现象。在过去的 7 600 万年间，地球曾发生过 171 次磁极倒转，距今最近的一次发生在 70 万年前。

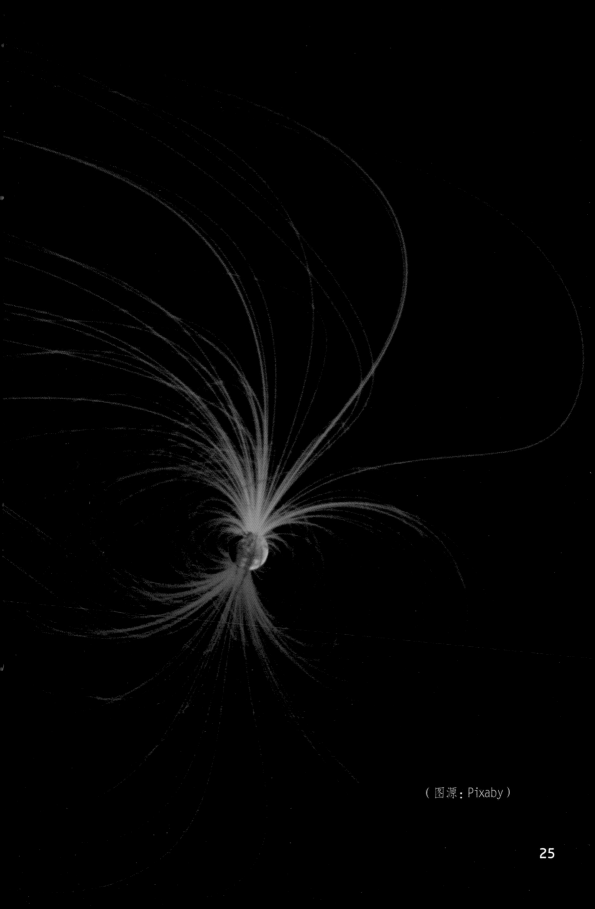

（图源：Pixaby）

如果地球没有磁场

　　地球能有今天生机盎然的繁华景象，能保护人类世代繁衍生息，磁场是一个不可或缺的因素。磁场是地球的第一道保护屏障，太空中有大量宇宙射线，对地球上的人类和各种生物都有严重危害。如果没有磁场的保护，宇宙射线会轰炸我们的身体，增加患癌症和其他疾病的风险。

地球沙漠（图源：NASA）

地球沙漠（图源：NASA）

如果磁场消失，地球大气层会被太阳风逐渐剥离，变得非常稀薄，液态水开始蒸发，直到都被太阳风带走。地球会变得像现在的火星一样干燥而寒冷。地球上的水资源全部蒸发殆尽之后，海洋板块就会蠢蠢欲动。同时，陆地板块、特别是高原地区的地壳压力会变得更大。这样，整个地壳将会失去平衡，板块活动变得异常活跃，地震频频发生，火山大规模爆发。

祝融号火星车拍摄的火星表面（图源：中国国家航天局）

如果地球没有大气层

如果地球没有大气层，整个世界就会突然变得非常安静。你听不到任何声音，因为声音是通过空气的震动传播的。地球上将没有蓝天，因为没有空气散射太阳光中的蓝光。飞机和鸟类都只能停留在地面，因为它们的飞翔需要气压的支持。任何需要氧气的生物都会灭亡，无论是动物，还是植物，或是海洋里的所有生物。也许有一些细菌会活着，它们可能会进化出某种神奇的生命形式。

（图源：NASA）

　　最后，太阳辐射会将水蒸气分解成氧，与从火山和地热出口喷出来的二氧化碳结合，形成新的大气层。但它太稀薄而不能供人类呼吸，如同现在的火星。所以，在移民外星球之前，我们一定要好好爱护地球，珍惜每天看到的美景。

地球的水循环

从太空中看，地球最引人注目的特征之一就是它的蔚蓝色，因为地球表面约 70% 的面积被海洋覆盖。水是生命生存和繁衍的必要养分。地球的含水量约为 13.9 亿立方千米，其中 96.6% 在海洋中，约 1.7% 储存在极地冰盖、冰川和永久积雪中，另有 1.7% 储存在地下水、湖泊、河流、小溪和土壤中。

　　地球上只有千分之一的水以水蒸气的形式储存在大气中。尽管水蒸气的量相对很小，但它对地球的影响却很大。在太阳的作用下，水分子从地球表面蒸发进入大气层，然后从水蒸气凝结成雨滴、雪花和冰雹等，以各种形式的降水再返回到地表，实现海洋、大气和陆地之间持续的水分交换。几乎所有的水最终都会流入海洋或其他水体，从那里开始新的循环。

（图源：NASA）

这些问题的答案都在书里哦!

航天迷 问不倒

1. 地球是太阳系中由内及外的第几颗行星?

2. 地球的平均半径约多少千米?

3. 地球自转一周的时间大约是多少小时?

4. 地球围绕太阳公转一圈的时间大约是多少天?

5. 地球为什么会有四季变化?

6. 地球大体上分为3层,从外到内分别是地壳、地幔和什么?

7. 地球表面约70%的面积被什么覆盖?

8. 如果没有磁场,地球会怎样?

9. 如果没有大气层,地球会怎样?

10. 太阳光是由哪七种颜色的光组成的?